夜は猫といっしょ

7

YORU HA NEKO TO ISSHO

キュルZ

KYURYU Z

KADOKAWA

CONTENTS

部屋から出てくるネコ —— 5
毛で遊ぶネコ —— 7
グーパーするネコ —— 9
何を撮りたかったのかわからない —— 11
しゃがむと歓迎してくれる —— 13
おじゃま攻撃かと思いきや —— 15
手を伸ばすネコ —— 17
真っ暗な部屋にいたら —— 19
毛がジャマをする —— 22
今はネコじゃらしはいらないらしい —— 25
昼寝中断ネコ —— 28
確かめたいネコ —— 31
一生懸命なネコ —— 34
ついてきて欲しいネコ —— 37
時計の裏のやつが気になる —— 40
暑い日のネコ —— 43
寝てていいのに —— 45
ちょっとまってて —— 48
ちょっと小さい箱 —— 51

目撃 ―― 54
おりたいけどおりたくないネコ ―― 57
寝返りを追いかけるネコ ―― 60
ねぐせヒゲ ―― 63
考え直すネコ ―― 66
ネコと静電気 ―― 69
ネコ用の映像 ―― 72
お気持ちだけありがたく ―― 76
忘年会でネコトーク ―― 80
お客さんとネコ ―― 83
仲良くなりたいお客さん ―― 86
おやつで仲良くなる作戦 ―― 89
帰っちゃうお客さん ―― 92
クラッキング ―― 96
足で遊びたいキュルガ ―― 104
仲良し寝 ―― 110
ネコちゃんの声が聞こえる ―― 116
［おまけ］キュルガとセンパイ初対面 ―― 126

BookDesign
Albireo

登場人物とネコ

部屋から出てくるネコ

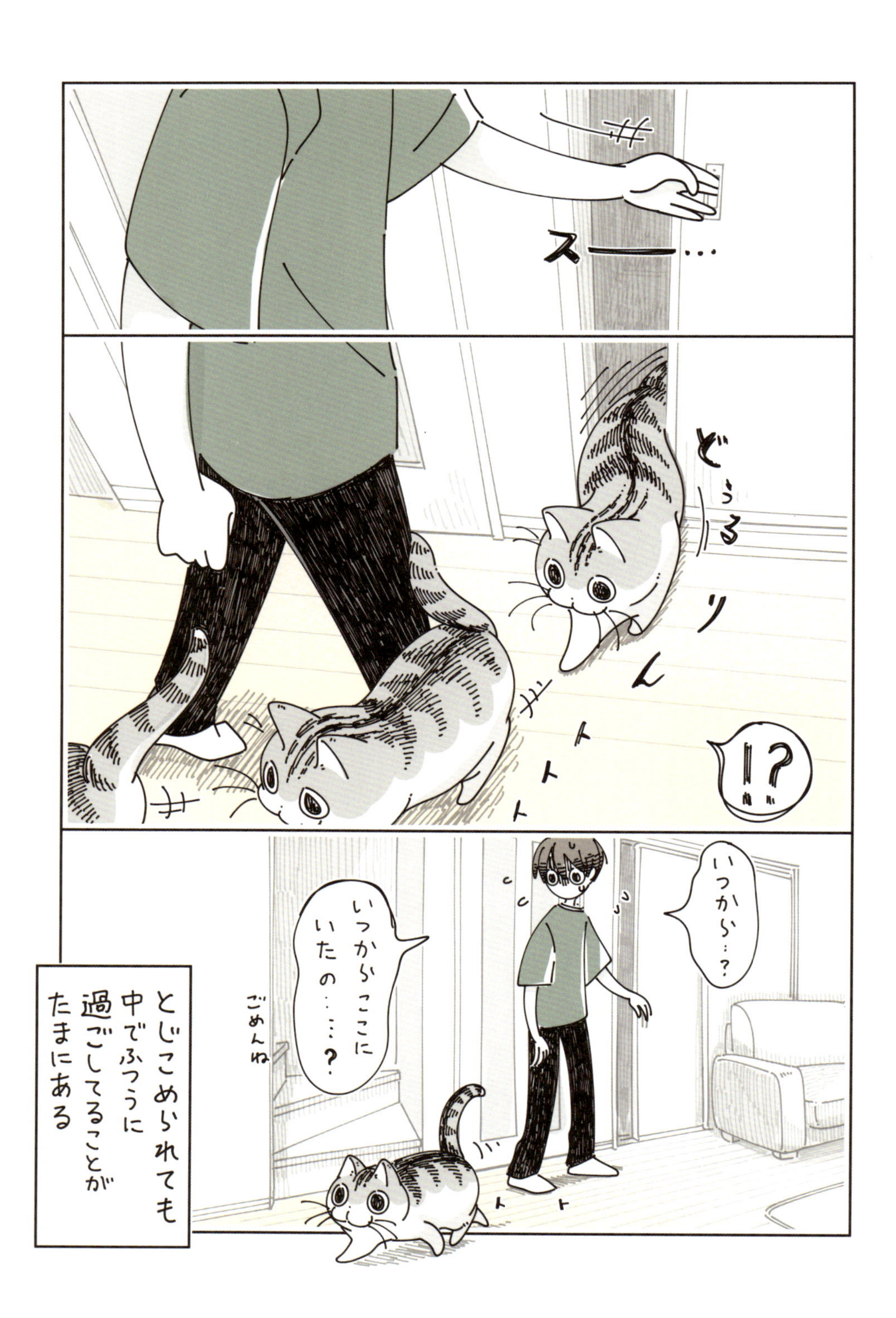
スー…
どぅるりん
トトト
!?
いつから…?
いつからここにいたの……?
ごめんね
トト
とじこめられても中でふつうに過ごしてることがたまにある

毛で遊ぶネコ
かい
かい
かい
べろ
べろ
パキ
パキ
ふわ・・・
ふわ
ふわ
かいかいで舞った毛
ぶわ・・

ひらり…
ほっ
わしっ
ふが〜
ほっほ〜っ
さっ
ブラッシング準備したが
楽しそうで
ジャマできない

グーパーするネコ

ぐぅ
チク
ぐぅ
ぐぅ
こっち側だけ
ツメ一本のびてる
チク
かわいいから
がまんしたい…

何を撮りたかったのかわからない
この写真。。
なんで撮ったんだっけな。。
パチ
クリ…
これ写真じゃなくて動画だった

動画時間
二分もある
何を撮ったんだっけ…
ピス…
ピス…
いつのまにかきたキュルが
シークバー →
完
こういう
何も起こらない動画が
スマホにいっぱい眠っている

しゃがむと歓迎してくれる

ゴミ？
キズ？
すり
すり
すりり…
自分に寄ってきたと思うのか
ぎゅ…
しゃがむと歓迎してくれる

おじゃま攻撃かと思いきや

今日は
おじゃま攻撃
してこなかったな
ぐ
ぐ
新手の
おじゃま
攻撃だった
ぐ
ぐ
ムギュ…

手を伸ばすネコ

ぐ
ぐ
ぐ
ぐ
とどいてない
とどかない場合は
むかえに行ってしまう

真っ暗な部屋にいたら

とびのった振動
キュルがきたのかな…？
ペロチョ…★
きたんだな

のそ…
のそ…
移動してる
どこにいるか
よくわからないな…
ぬ
ぼ
うわぁ
いるのわかっていたのに
ビックリした

毛がジャマをする

すり
すり
ザ
ザ
ヒゲが鼻に入る
トン…
やめて〜
頭突きで対抗

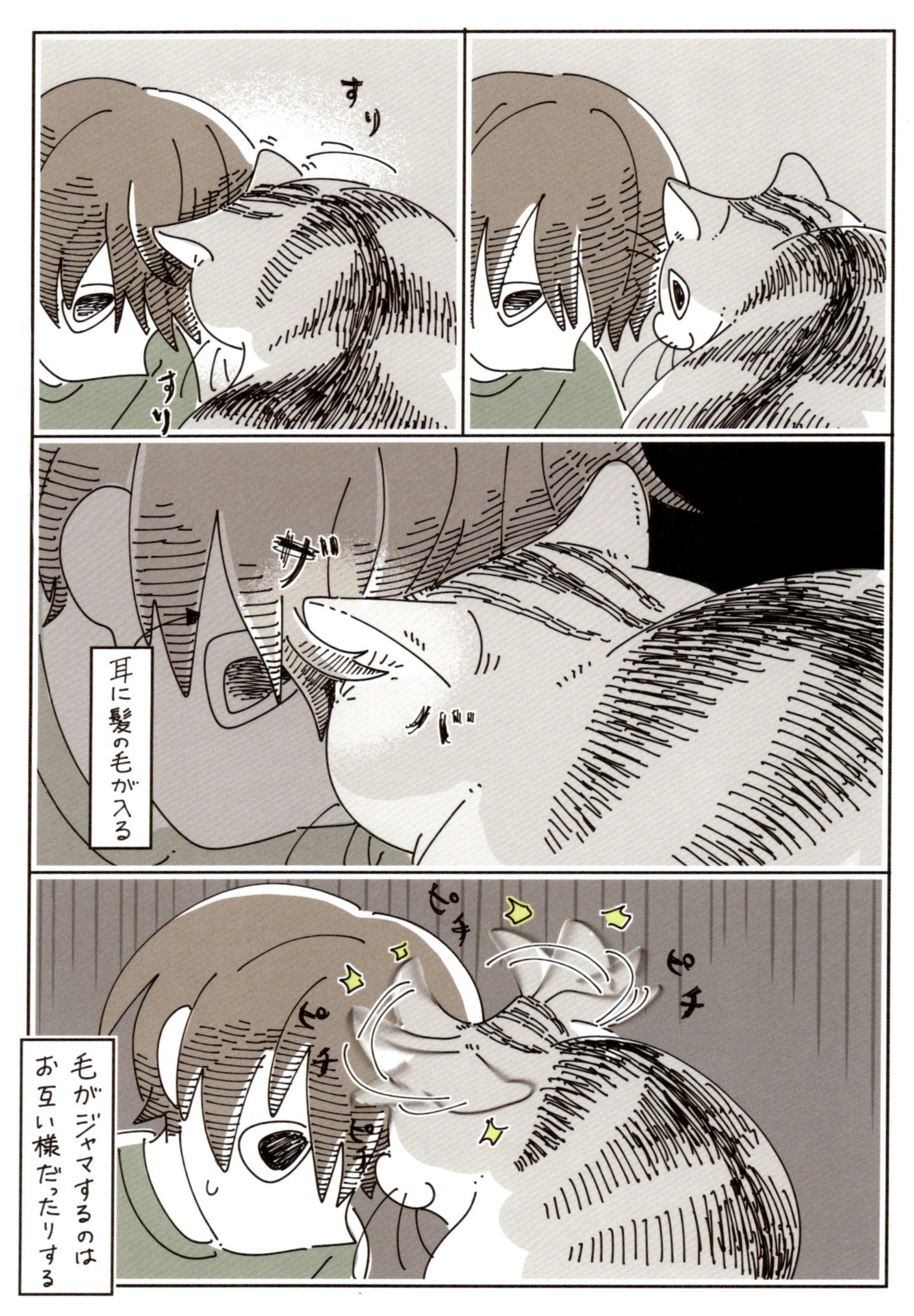
すり
すり
ザッ
耳に髪の毛が入る
ピチ
ピチ
ピチ
毛がジャマするのは
お互い様だったりする

今はネコじゃらしはいらないらしい
ほい
テンションMAXで遊ぶキュルガ
ビュン
ビュン
ほっ
ガッ
ほい
ぺとん
つかれちゃったのね…
かだいすっか～
ビタ
フスッ
フス
ビタ

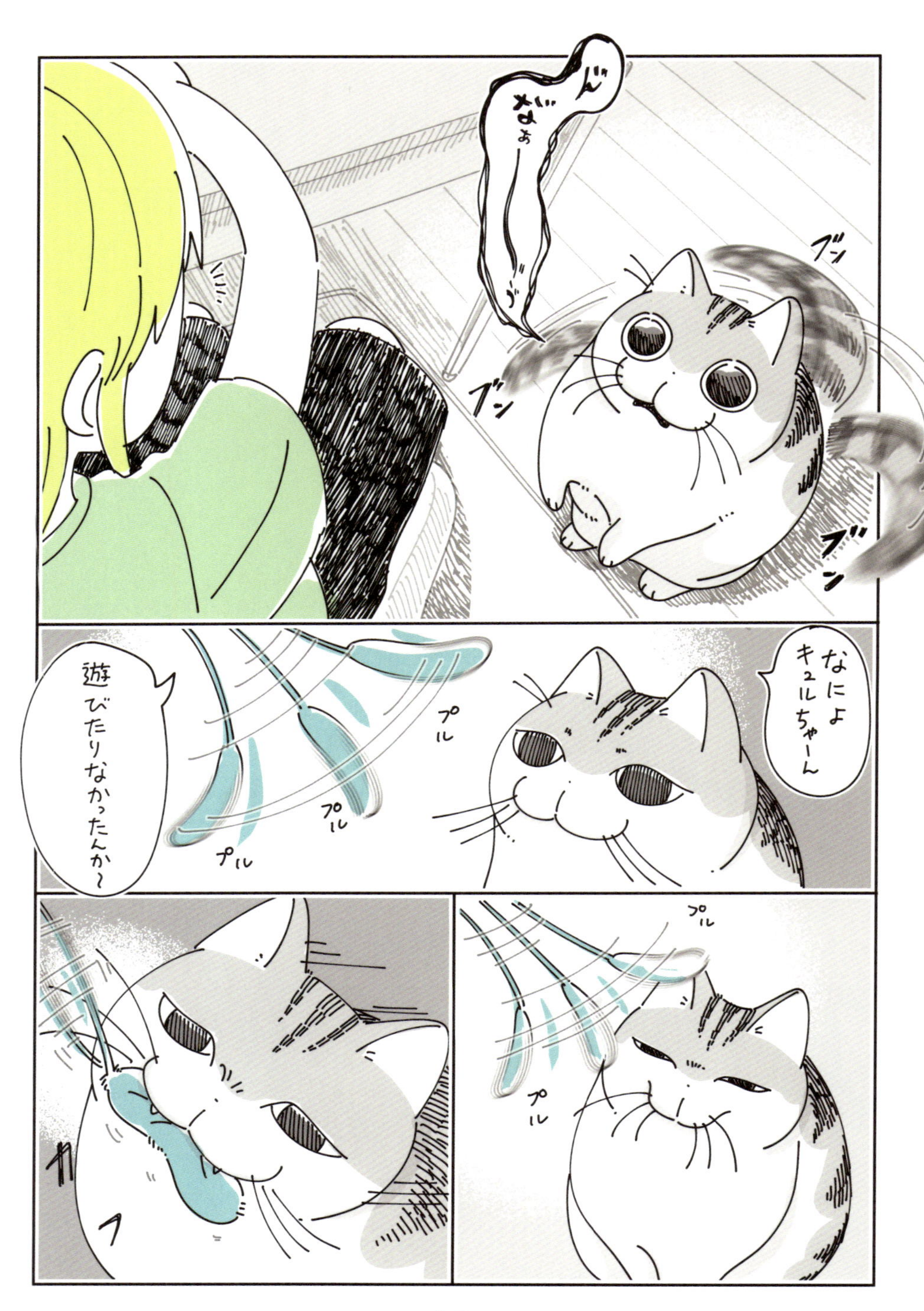

ん゛な゛ぉぉー
ブン
ブン
ブン
なによキュルちゃーん
遊びたりなかったんか〜
プル
プル
プル
プル
プル

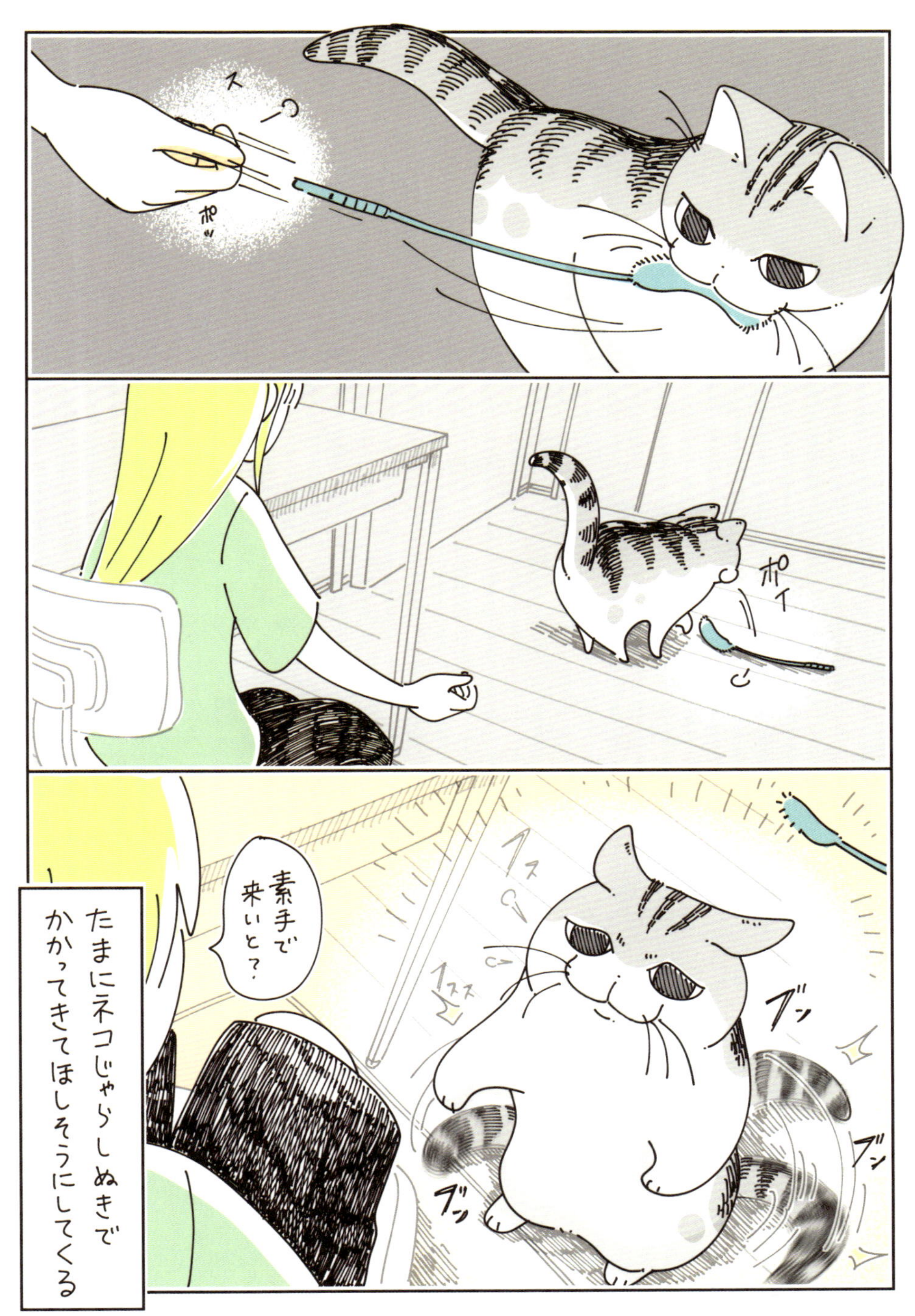
スーッ
ポッ
ポイ
素手で来いと？
たまにネコじゃらしぬきでかかってきてほしそうにしてくる
ブン
ブン
ブン

昼
うと…
うと…
うと…
うと…
うと…
昼寝
のし…
のし…
のし…

…
一緒に昼寝しにきたのか～
ス
ポ
のそ
のそ
のそ
ちがったんか…

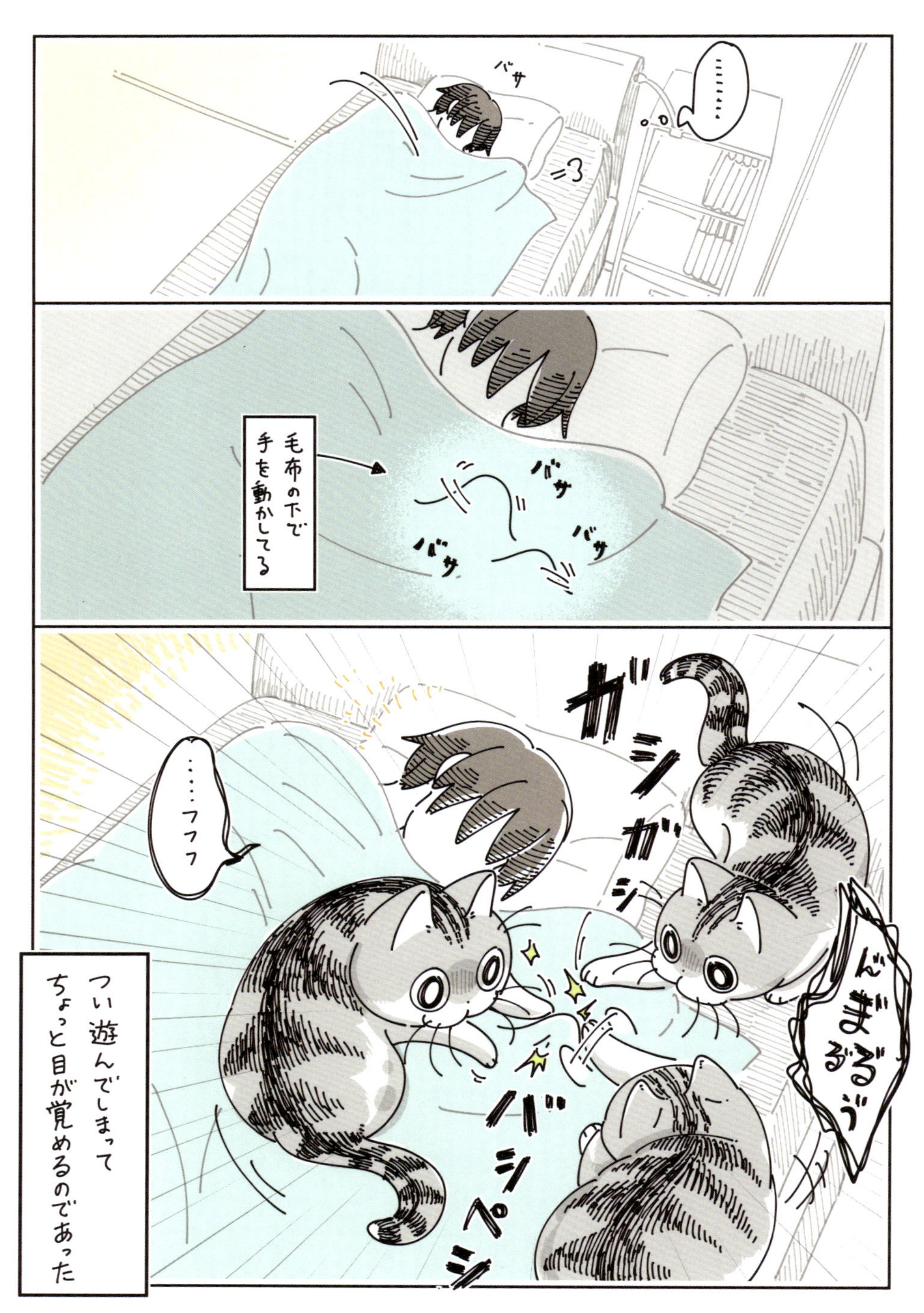
バサ
……
毛布の下で手を動かしてる
バサ
バサ
バサ
……フフフ
ガシガシガシ
バシバシペシ
んまぁるぅ
つい遊んでしまってちょっと目が覚めるのであった

確かめたいネコ

うわっ
ビクッ
あ…ごめんね ビックリさせて
なんでもないよ～
ダバ
ダバ
ダバ
ダバ

本当
なんでもないよ…
なんでも
ないったら…
なんも
もってないよ
うたぐり深い

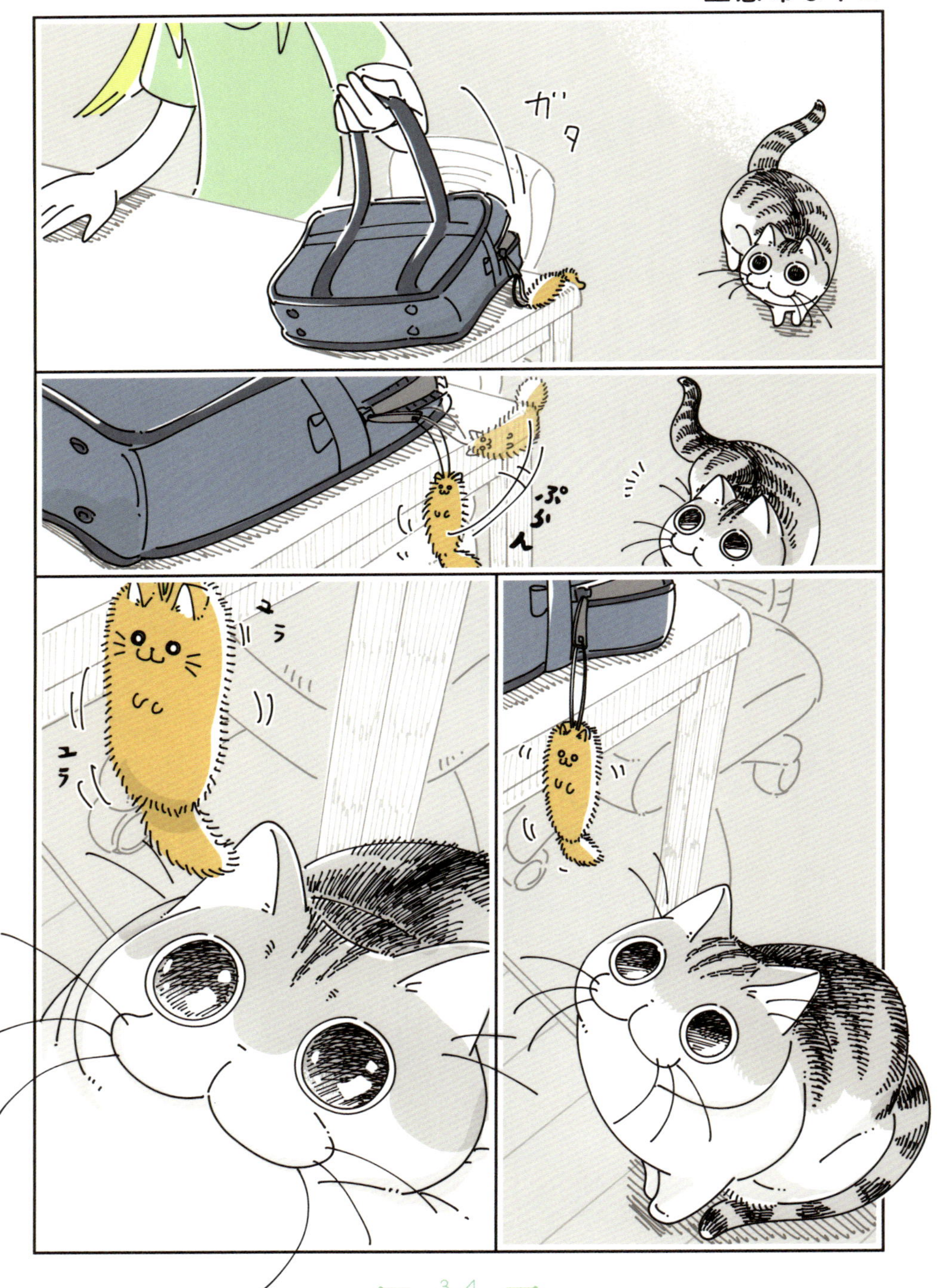
ガタ
ぷらん
ユラ
ユラ

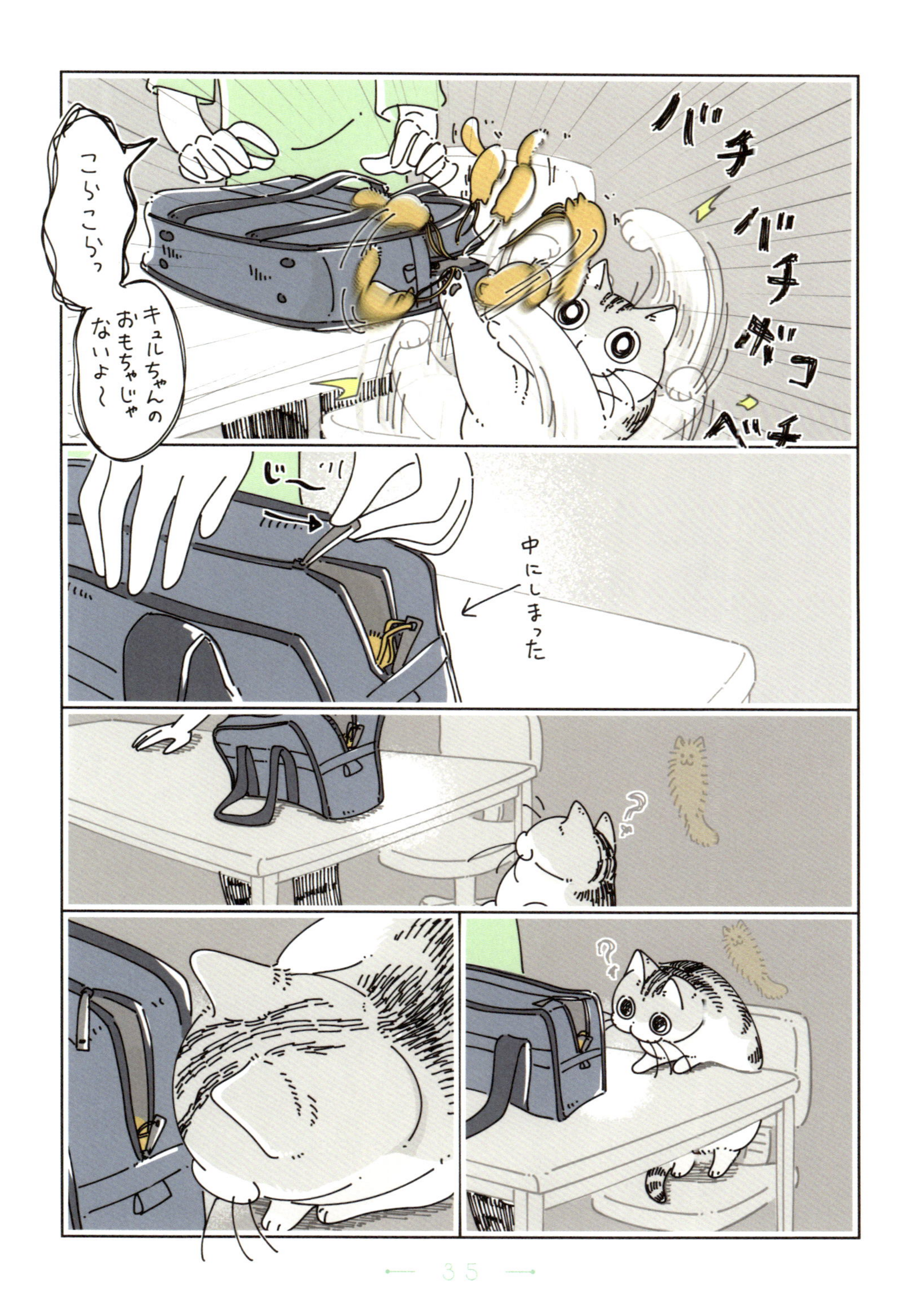
バチ
バチ
ボコ
ベチ
こらっこらっ
キュルちゃんの
おもちゃじゃ
ないよ〜
じ〜
中にしまった

ごそ
ごそ
ごそ
ごそ
ごそ…
ごそ
ごそ
ごそ
ごそ
おお
すごい
とれたね〜
いや
ダメだってば
一生懸命な姿に流されそうになった

ちょん…
ス…
ス
ドドドドトトト

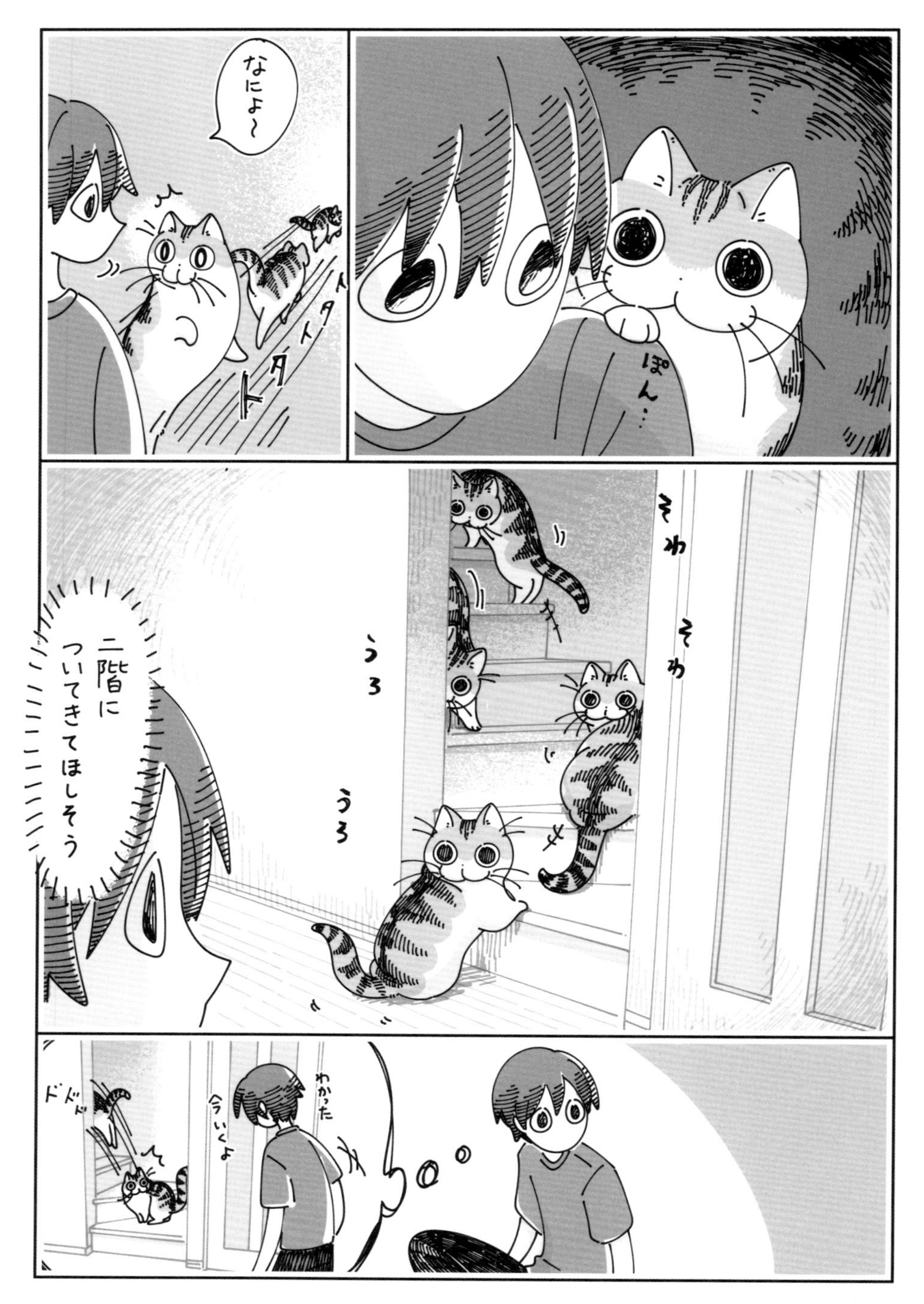
なによ〜
タタタタ
ぽん…
そわ
そわ
うろ
うろ
二階についてきてほしそう
わかった
今いくよ
ドドド

ついていったところで
特になにもないんだろうな
突然やる気ゼロ
でもついていっちゃう
ちょい
ちょい

時計の裏のやつが気になる

壁かけフック

これがなんなのか
気になってしかたない
キュルがなのだが…
?
?
?
ガ
コン
!?
これでよし
正体がわからないまま
終わってしまう

ジリジリ…
ジワジワ…
ただいま〜
あーすずしい
チャハ〜
外はまだ暑いわ
秋の夕方なのに
ぴょこん
ぽぼう
スリ
スリ
スリ

ぴっ
とり
じわ
じわ
ほか
ほか
…あったかい……
ほ…
いくら暑くても
キュルがのぬくさに
なんか安心してしまう

あふ
ガラ
こんな所から新しいネコじゃらしが…
ネコ◯じゃらし
ガサ
ねぇ キュルが あそぼ……

ス〜……
ス〜……
ね、寝てるのか……
ネコのじゃらし
ス〜……
ス〜……
起こしたくない
そ〜……っと
ス〜
カサ

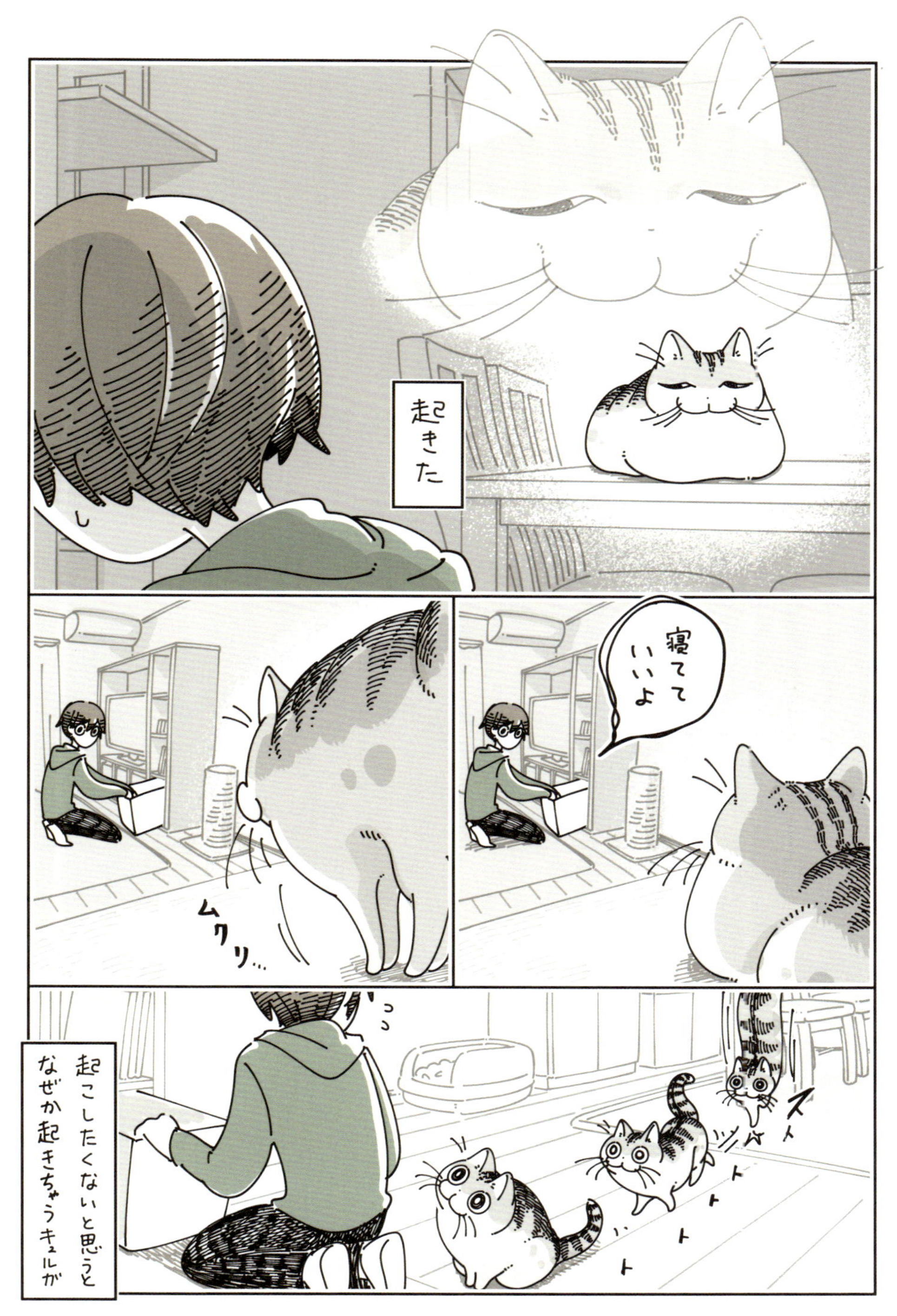
起きた
ムクリ…
寝てていいよ
起こしたくないと思うとなぜか起きちゃうキュルが
スト
ツ
トトトト

ぐ…
じり
じり
とびのるつもり…？

この状態で…!?
ゴッ
チャ…
ズルッ
ガサ
ガサ
バサ
ちょっとまって…
ガサ
ガサ
片づけ

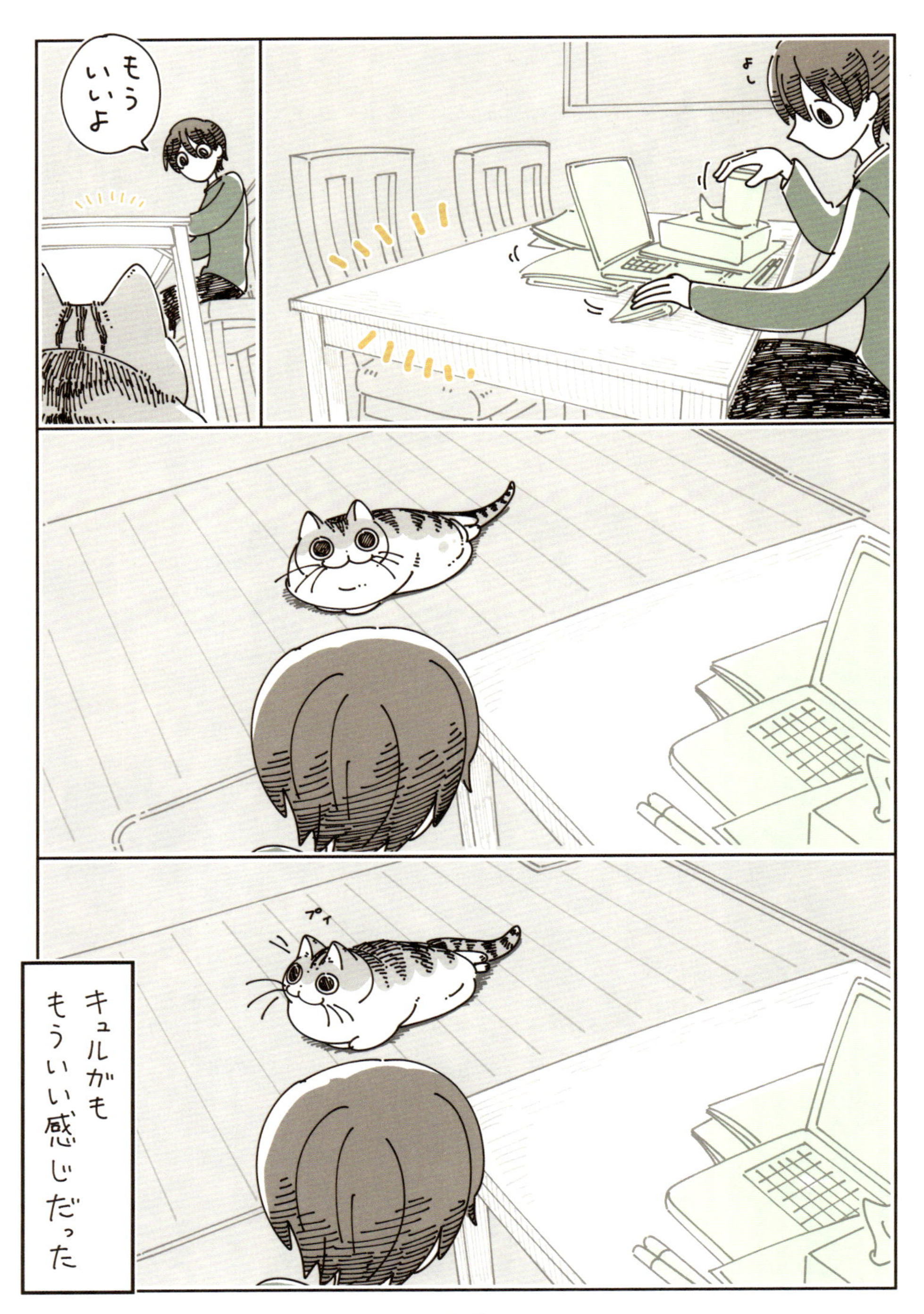
よし
もう
いいよ
プイ
キュルがも
もういい感じだった

ちょっと小さい箱

ぎ
ゅ・・・

ぎゅ
むぎゅ
ちょっと小さすぎる
箱を提供してしまった
箱のサイズを見誤る
キュルガと妹

目撃

コツン
コロコロ
トン
ポ
ザッ
ガッ
ガッ

スポ
あきらめた
見たぞ…
たまに消える瞬間を目撃してしまう

おりたいけどおりたくないネコ
おど
おど
おりたいけどおりられない
ほら
おいでだっこしよう

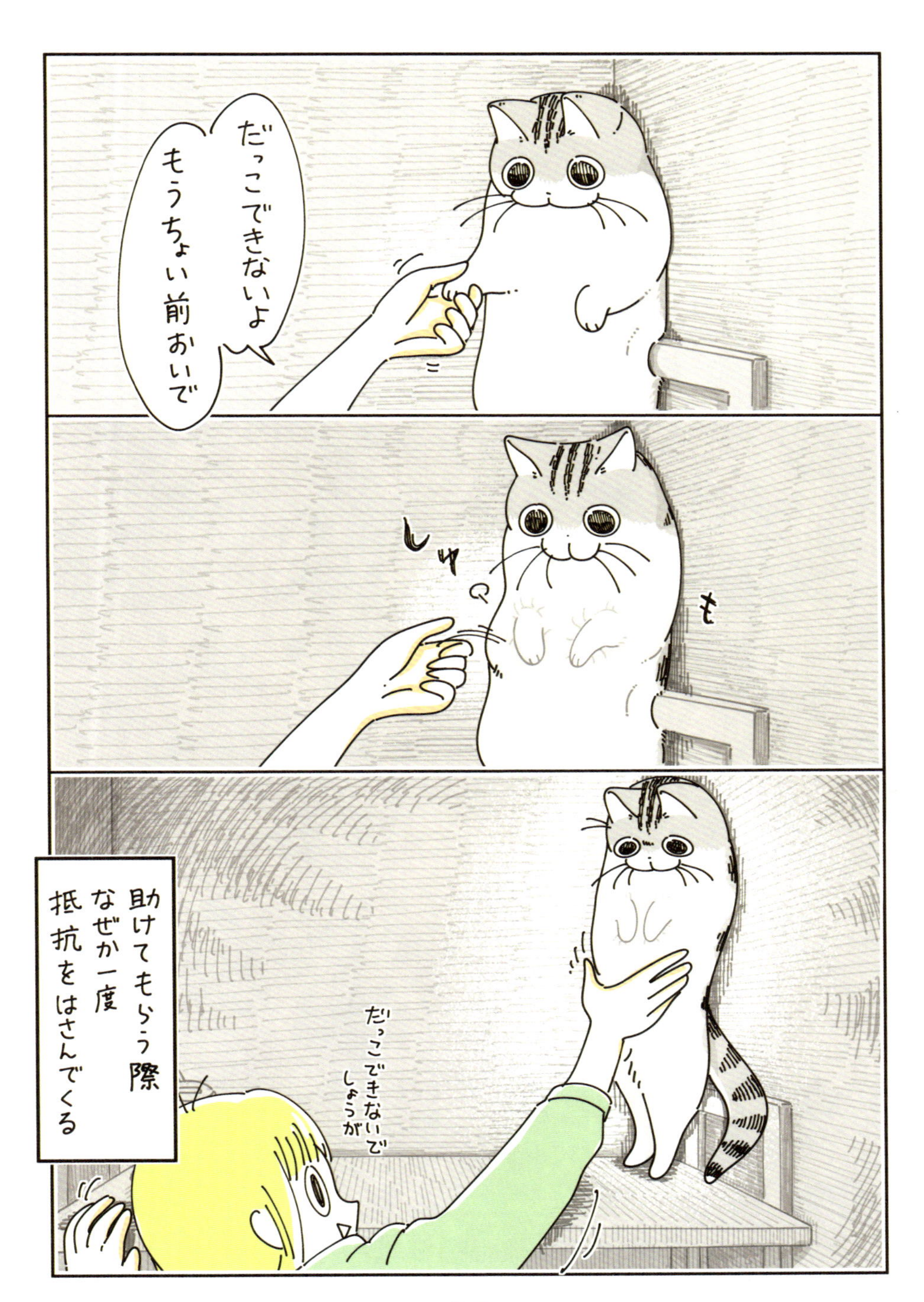
だっこできないよ
もうちょい前おいで
しゃ
も
助けてもらう際
なぜか一度
抵抗をはさんでくる
だっこできないでしょうが

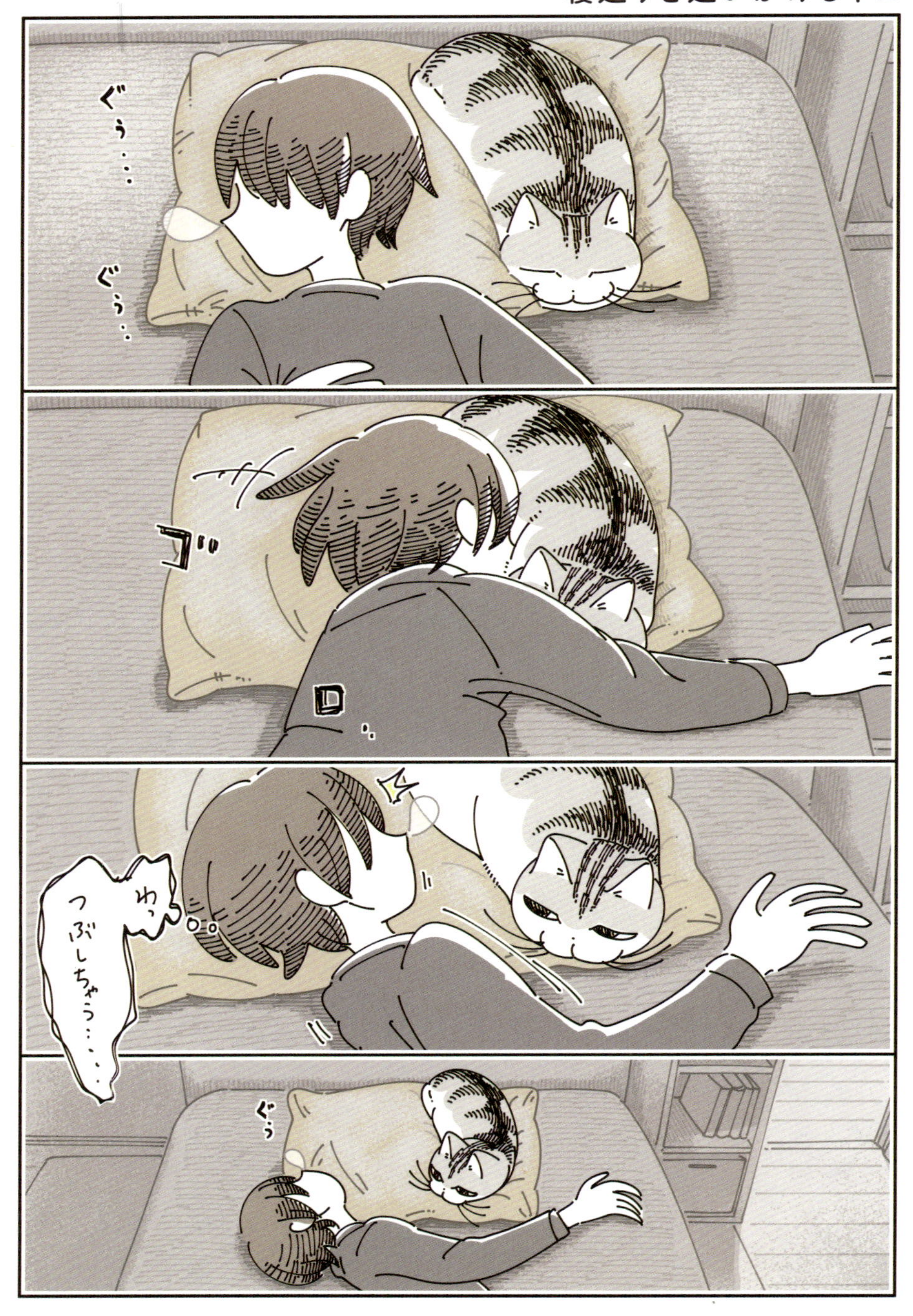
ぐぅ…
ぐぅ…
ゴ
ロ
わっ
つぶしちゃう……
ぐぅ

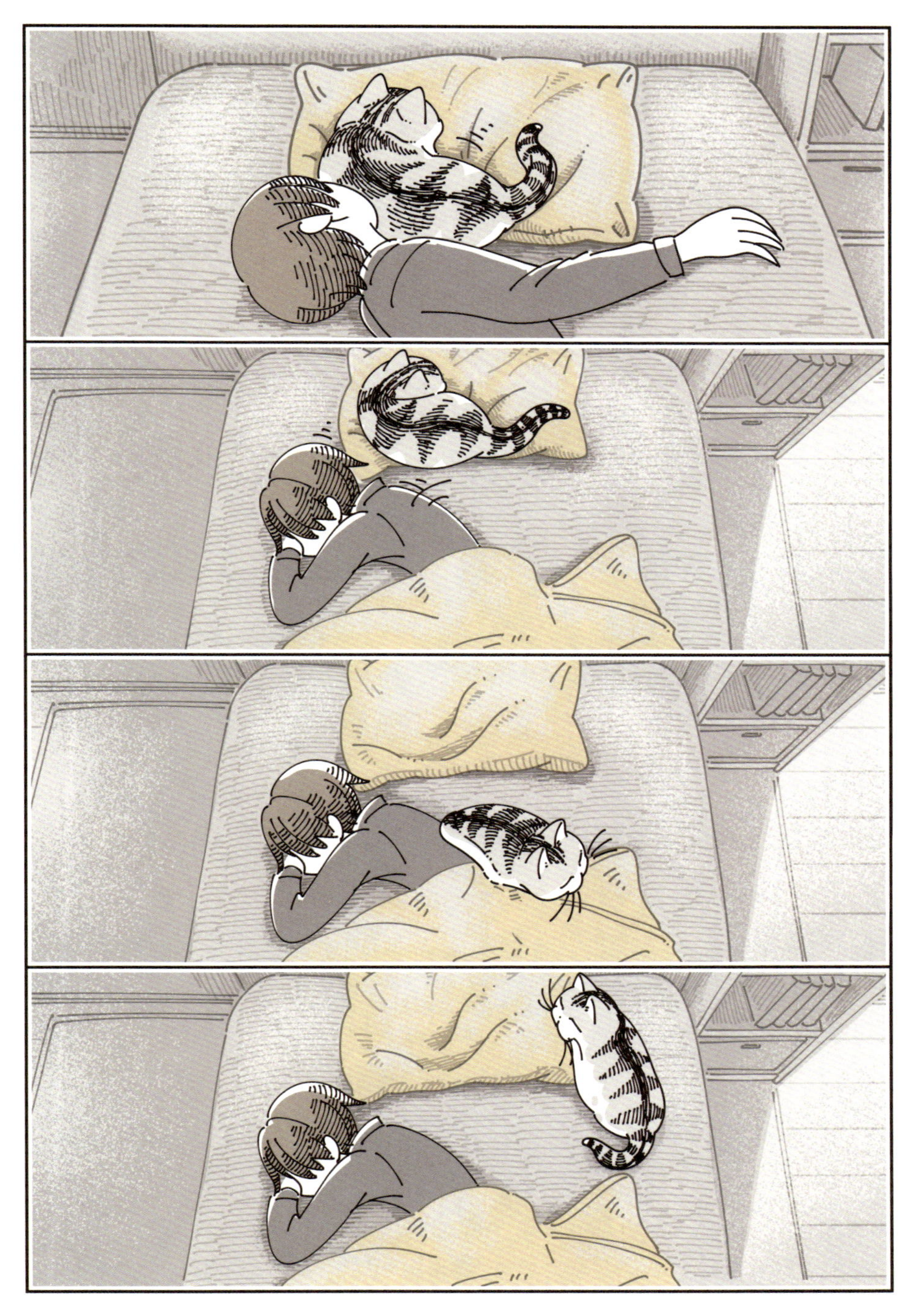

ぐっ
すごい寝相…
寝ながら追いかけっこしてる

のそ…
のそ…

※ねぐせ
ネコのヒゲって
まがってて
大丈夫なの？
元にもどせる
かな……
さっ
さっ

後ろに流してみよう…
ぐ…
やめてほしいらしい…
※ヒゲねぐせはいつのまにかなおってた

考え直すネコ

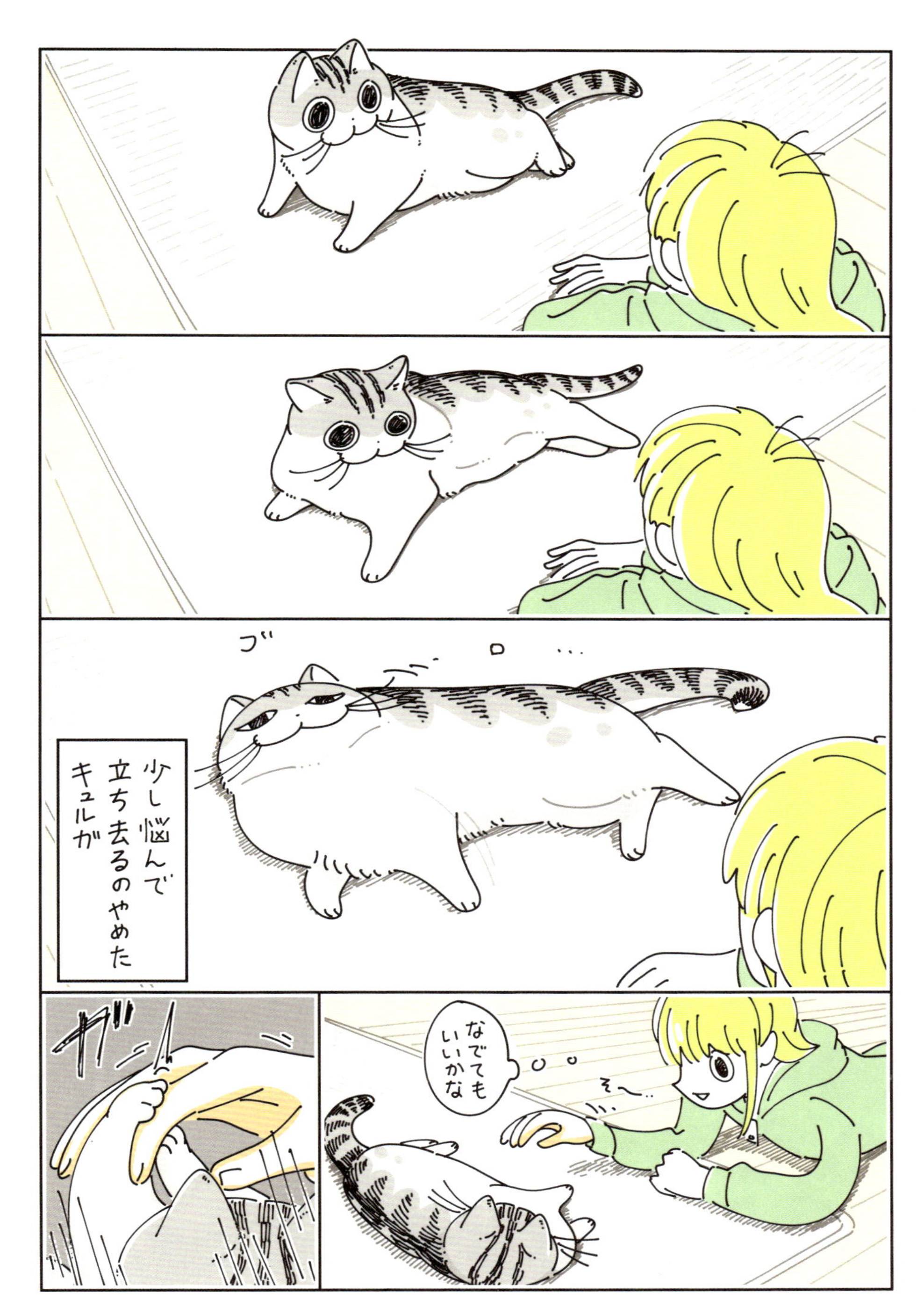
ゴロ…
少し悩んで
立ち去るのやめた
キュルが
なでても
いいかな
そ〜…
ガ

ガ
ガッ
あ かみに来た
ピタ
ベロ
ベロ
少し悩んで かむのやめた キュルが
ジャリ
ジャリ

ネコと静電気

ぱちっ
※静電気
解せない顔→
ごめん
ビックリしたね
…すり…

…よかった
もう近づいてこなくなっちゃうかと思っ
すり
すり
なで
なで
ブロロロロロロヴ〜ン
ブロロロロロヴ〜ン…
ぱち
ビ
クッ
ブロロロロロ…
べロ
べロ
ジャリ ジャリ
静電気にめげず甘えに来てくれる

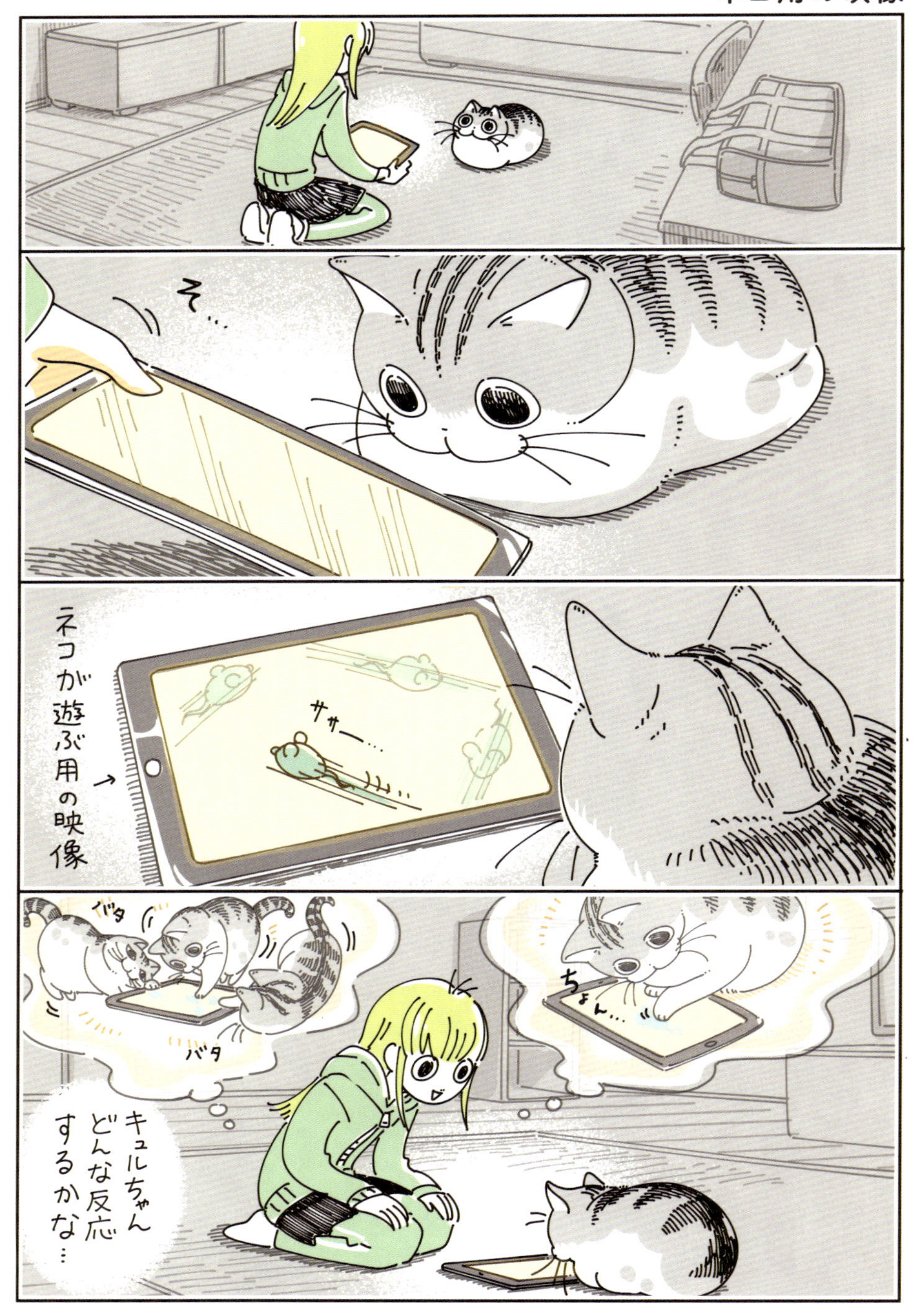
そ…
ネコが遊ぶ用の映像
サササー…
バタ
バタ
ちょん…
キュルちゃんどんな反応するかな…

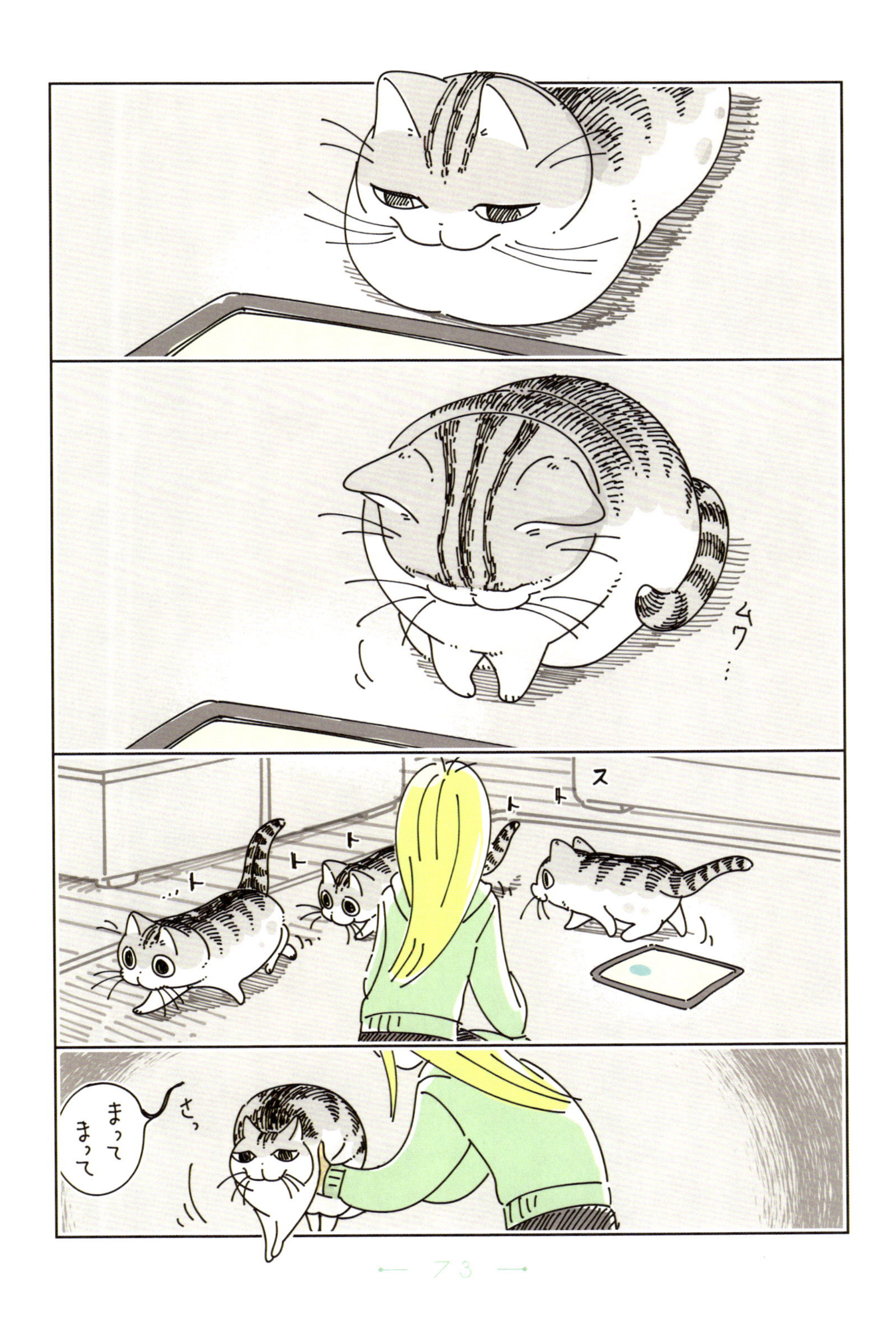
ムワ…
ス
ト
ト
ト
ト
ト
さっ
まって
まって

ほら
ここ、見てごらん

キュルちゃん映像に興味ないタイプ?
でるりん
トトト

しかし後日
じ…
Now Loading….
ちょん…
ゲームのロード画面には反応していた
Now Loa
あれ?

ぐぅ…
ぐぅ…
ぐぅ…
ぐぅ…
てつやあけ

のし…

なで
なで
なで

どぅりん
おしり向けたい

VS
顔向けてほしい
突如始まる
無言の戦い

忘年会でネコトーク

昨日やったら
これよ
バリッ
思ってたのよりだいぶ
本気の抵抗されていた
ドフン
思ってたの
ドフン

たぶん背中も
キズだらけだよ
お皿洗ってる時とか
とびのってこない？
まっ
ビョン
のし…
皿洗い待ち
キュルが
のぼれない
のし…
ちょこちょこ未経験の
ネコあるあるがある
まだ
ないですね〜
いいな〜

ガチャン
バタ
と
と
と
と
ガチャ
ただいま～
お客さんだよ
ピーちゃんの
友だち

キュルちゃん前に会ったことあるんだよ覚えてる？
そ…
ビクッ

怖くないように小さくなる
怖くて小さくなる
そろ…
そろ…
そろ…
覚えてなかった
一回しか会ってないもんね

仲良くなりたいお客さん

なかよくなれるかも
はい
ネコじゃらし
フル
フル
フル
フル
フル
フル
フル
フル
フル

お客さんが
気になりすぎて
ネコじゃらし
どころではないらしい
フル
フル
チラッ
フル
フル
チラッ
チラッ
でもチラチラとは
気にしていた

なかなか距離がちぢまらないお客さんとキュルが
おやつあげてみる？
ガサ

おやつをきっかけに急接近するのであった
ぐ
ギ
歯があたらないように(?)ひかえめ

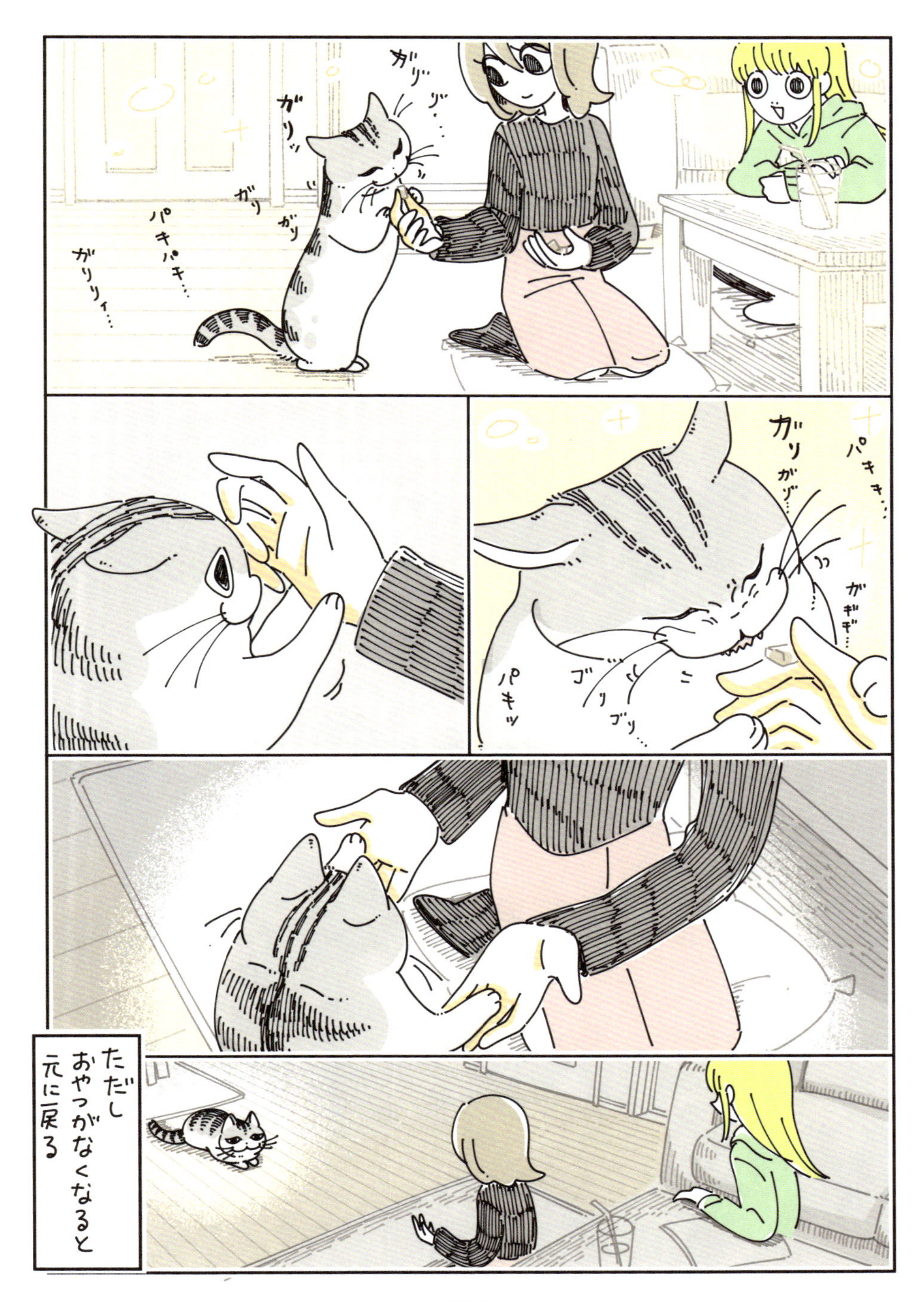
ガリッ
ガリ
ガリ
ガリ
ガリリィ…
パキパキ…
ガリガリ…
ガリガリ…
パキッ
ゴッ
ゴリ…
ガリ
パキキ…
ガギギ…
ただし
おやつがなくなると
元に戻る

キュルちゃん
お客さん
もう帰っちゃうよ~
す…

キュルがとお客さんの
友好度が
少し上がった気がした
※初なでなで
ただし
へっぴり腰

数週間後

覚えてないムード
見たことある光景だな
友好度は再会するたび初期化されてしまうらしい

猫となかよくなれる方法
・大きな声を出さない
・しつこくしない
・ゆっくり動く
・おやつも
効果的

クラッキング

そわ
そわ
タ
カカ
カカカ

ケケケケ
クカカ
おお…
クラッキングしてる
〜クラッキングとは〜
ククク・カカカと音を鳴らす行為
えものを前に興奮しているときに鳴らすらしい
カカカ
カカ

カカカ
カカ
……
んえぇぇ
んへへ…
※クラッキング
うけっへへ
んへ
へへ
カカカ
個性でるなぁ

え
えい
へへへ
ガタ
バサッ

行っちゃったねぇ
また来るといいな〜

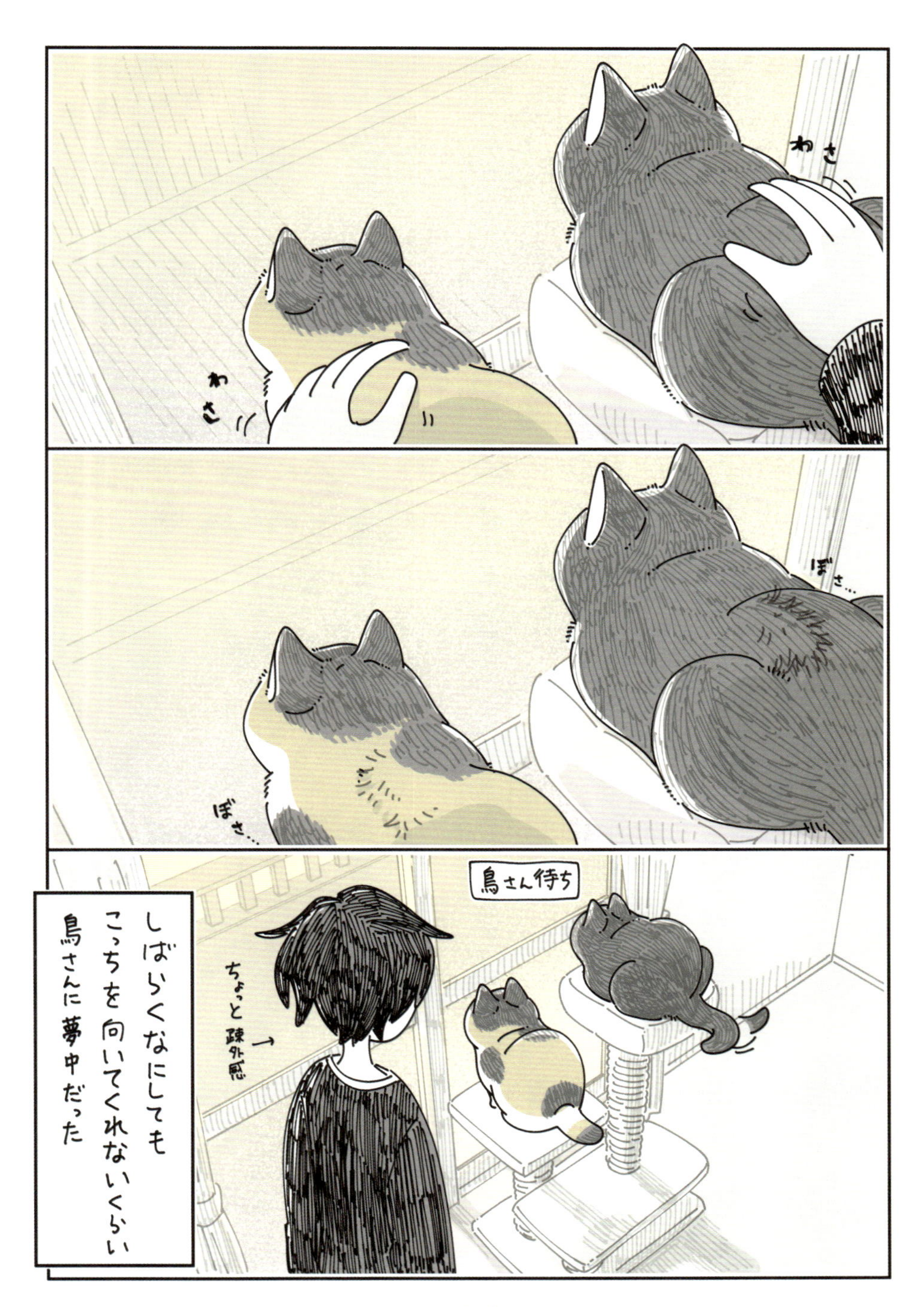
わさ
わさ
ぼさ…
ぼさ…
鳥さん待ち
ちょっと疎外感
しばらくなにしても
こっちを向いてくれないくらい
鳥さんに夢中だった

足で遊びたいキュルガ

タプ
タプ
グニ
スリ…
スリ…
マッサージ機みたいにされてる気が…

スリ…
スリ…
ぼでん
ぎゅ…
な…なんだよぉ

はなして
はなして…
ぐぐ…
ギュ
ガッ
ケケケケ
いててて
ガッ

どうしてほしいんだ…
さっきのやつやれってことなのか
ギュ…
ポヨ
ポヨ

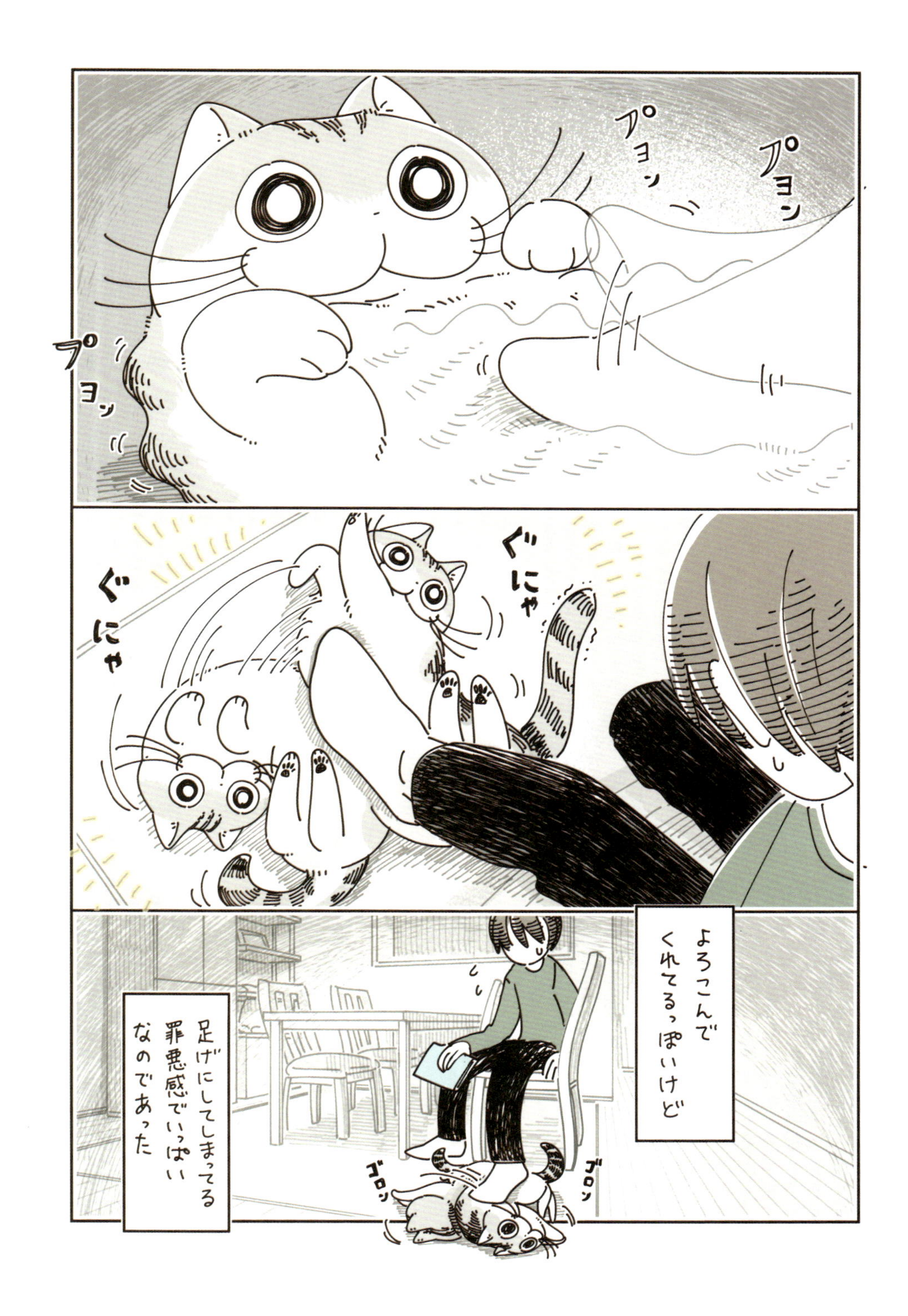
プヨン
プヨン
プヨン
ぐにゃ
ぐにゃ
よろこんでくれてるっぽいけど
足げにしてしまってる罪悪感でいっぱいなのであった
ゴロン
ゴロン

仲良し寝

ぐぐ…
ギュ…
ギュ…

のっ
シリ…
息できてるか心配

むぎゅ…
息してるか心配

こんな寝方して苦しくないのかな
人間だったら息できなくなっちゃうよ
ぐ〜…
のそ…
のそ…

のっしり…
ぐが～…
むぎゅ…
ぐぅ～…
ふつうに寝れてる
ネコのこと言えないのであった。
どっしり
ぐ～…
息できてる

ゔん゛に゛ゃア゛

今のはキュルちゃん？
…気のせいかな？
じんじみア

ヴんジャアヴ
ブジャアブ
ゾヴヤヴア
うゞゞ
ザアアア
ゲームの
ネコちゃんの声か～

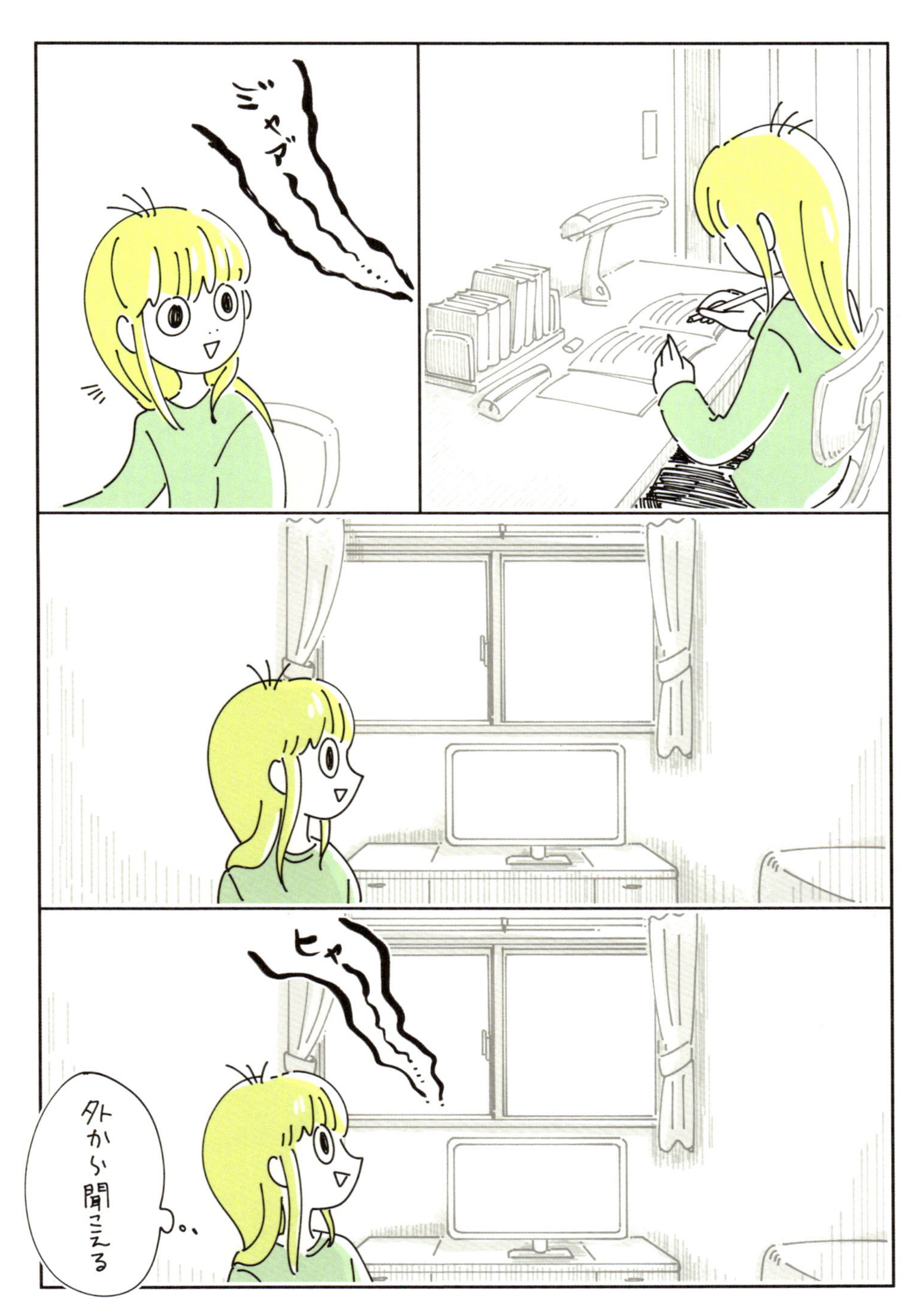
ジャア
ヒャ
外から聞こえる

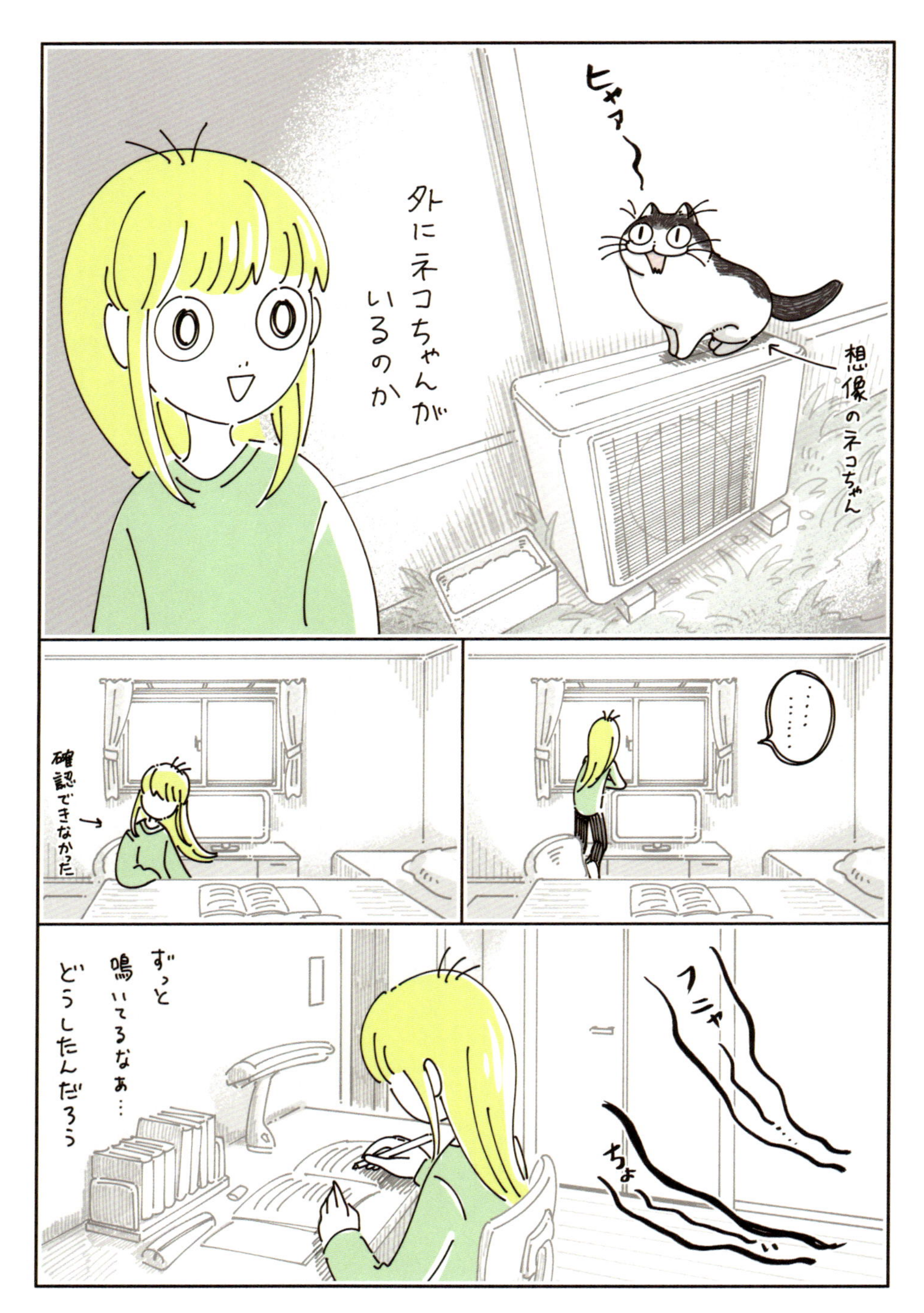
ヒャア〜
外にネコちゃんがいるのか
想像のネコちゃん
確認できなかった
……
ずっと鳴いてるなぁ…
どうしたんだろう
フニャ……
ちょ

ふえ〜〜ん…
ちょ〜〜〜い…
……キュルちゃんじゃないよな……
キュルちゃんいる!?
キュルちゃん
キュルちゃん
どこ!!

出て
こない…
まさか
本当に外出て
ないよね
キュルちゃん
おやつよ〜
※出てこない時の最終手段
………
………

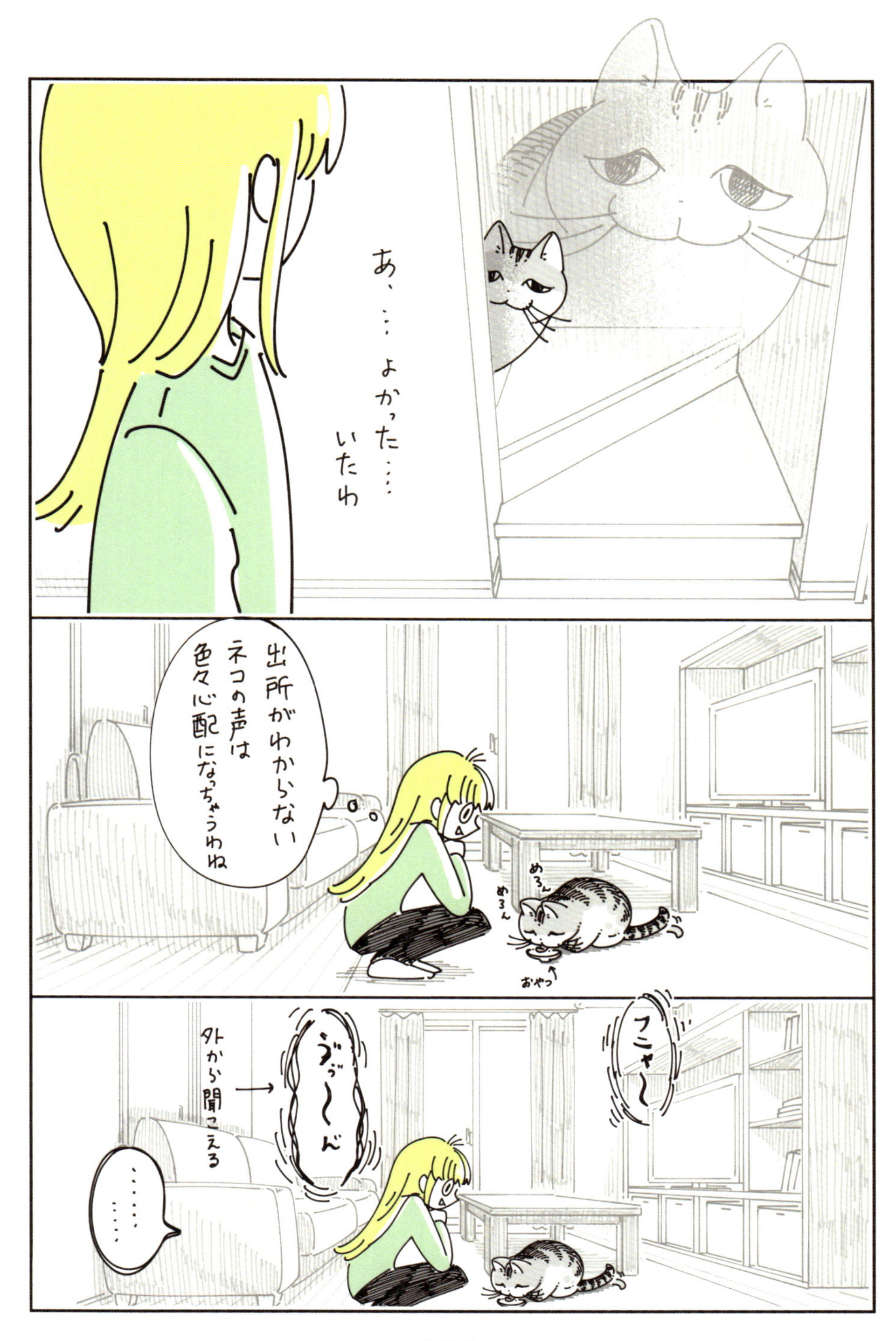
あ、……よかった……
いたわ
出所がわからない
ネコの声は
色々心配になっちゃうわね
めろん
めろん
おやつ
フニャ〜
外から聞こえる
うゔ〜〜ん
……
……

フゴィ〜〜…
大丈夫かな
↑
外にいるネコ 想像
ガチャ…
づん〜
↑家の周りパトロール

んんなぁ〜
ヴァ〜イ
裏隣のお宅の
たぶん
新入り子ネコちゃん
困ってなさそうで
よかった
予期せぬ
かわいい光景を
見てしまった

［おまけ］キュルガとセンパイ初対面

最後まで読んでくださりありがとうございました！

2025年1月22日　初版発行

著者・キュルZ
発行者・山下直久
発行・株式会社KADOKAWA
〒102-8177 東京都千代田区富士見2-13-3
電話0570-002-301（ナビダイヤル）
印刷所・TOPPANクロレ株式会社

●お問い合わせ
https://www.kadokawa.co.jp/（「お問い合わせ」へお進みください）
＊内容によっては、お答えできない場合があります。
＊サポートは日本国内のみとさせていただきます。
＊Japanese text only

定価はカバーに表示してあります。

ISBN 978-4-04-683985-5 C0095